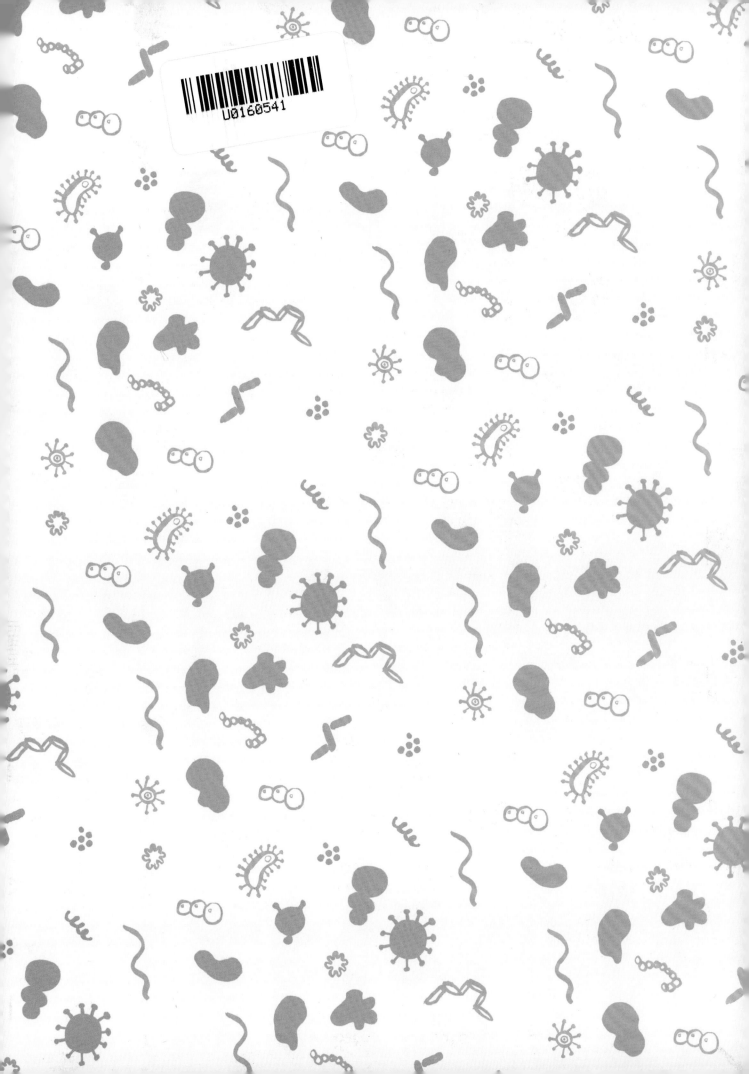

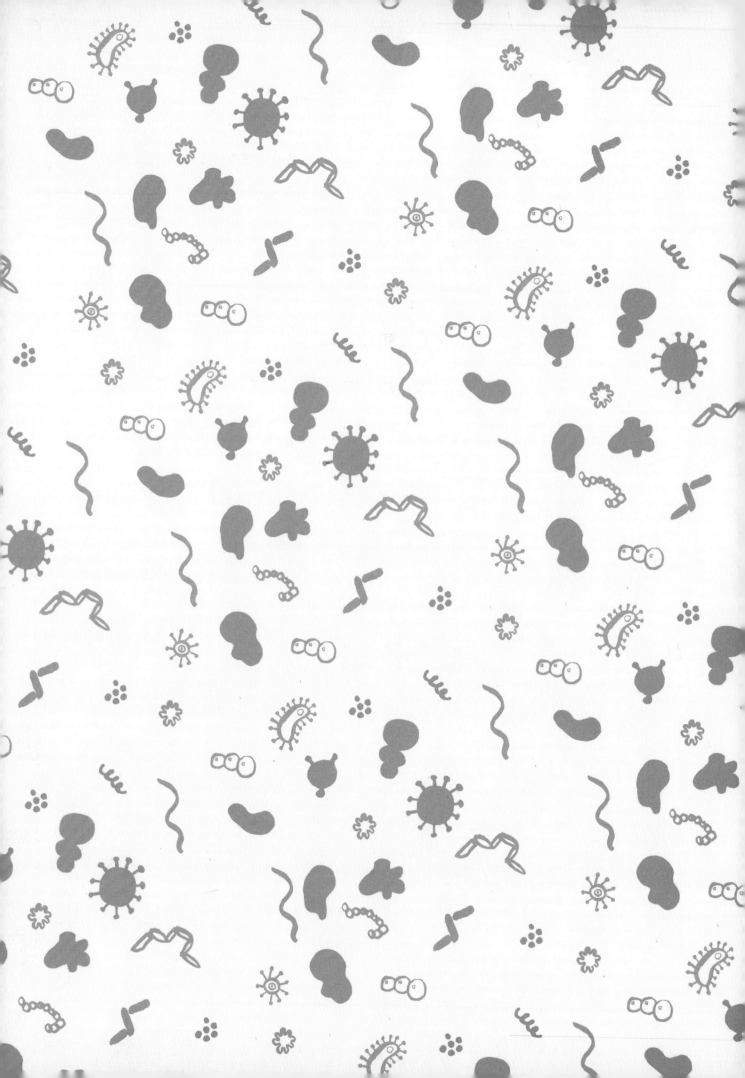

肚子里有个大花园

走进身体里的微生物王国

[英] 凯蒂·布罗斯南 / 著绘

梅 静 / 译

中信出版集团 | 北京

什么是微生物？

微生物是非常微小的生命形态，绝大多数个体都必须用显微镜才能观察到。它们千姿百态，大小不一，无处不在。任何地方——无论多么寒冷、炎热或不适宜居住的地方，都存在着微生物。

科学家们已经发现的微生物，主要分为以下几类。

1 克泥土里大约有4000万个细菌。

细菌

细菌既不是植物，也不是动物，是单细胞生物。从冰川到深海，再到炎热的沙漠，它们无处不在。有些细菌是有害的，但对很多生命形式来说，大多数细菌都是有益的。

古菌

古菌虽然看起来很像细菌，但它们的行为方式却跟细菌大不相同。它们能在火山或有毒废物等极端环境中存活。地球上最早的有机体，可能就是古菌的直系祖先。

古菌一词源自希腊语，意为"古老的东西"。

有些真菌可用来杀死有害细菌，是一些抗生素的关键部分。

青霉素

真菌

一般来说，真菌由比细菌大的细胞构成。蘑菇、酵母菌和霉菌都属于真菌。它们通常喜欢温暖潮湿的地方，以腐烂的物质为食，善于分解各种物体。

病毒

在拉丁语里，病毒一词意为"黏液"。

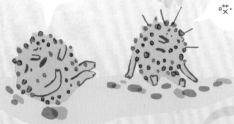

哎……

据目前的发现认为，病毒是最小的微生物。这些微小的生物具有生命的基本特征，但缺乏独立的代谢能力。它们不具有细胞结构形态，不能获取能量，不能独立生活，必须寄生在其他生物的细胞内，而且必须在细胞内，才能以复制方式繁殖。因此，病毒通常对人体有害。

我叫蠕形螨，我住在你的脸上！

微观动物

微观动物也被认为是微生物。与我们一样，它们由不同的细胞构成。我们身上有很多微观动物，我们甚至一点儿都不了解它们！

原生生物

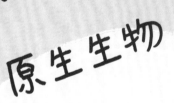

原生生物是一组无法归入其他种类的混合微生物。因为它们具有多种生物学特性。有些对我们有益，有些则有害。

这是一组原生生物。

看看，你能将我们分类吗？

特别的微生物

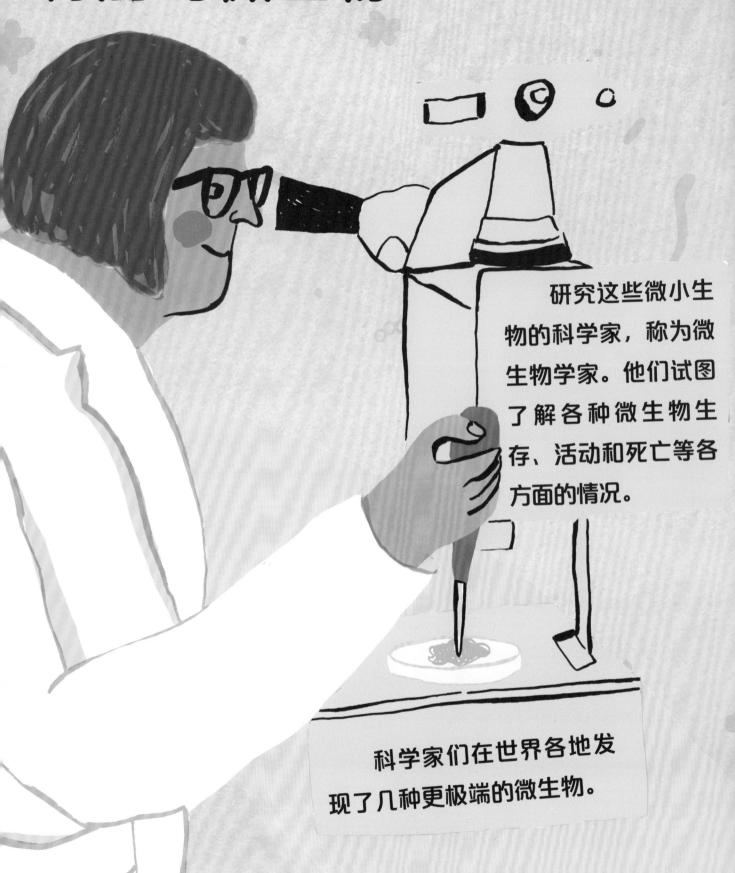

研究这些微小生物的科学家，称为微生物学家。他们试图了解各种微生物生存、活动和死亡等各方面的情况。

科学家们在世界各地发现了几种更极端的微生物。

其实，我相当大。你用普通显微镜，就能看见我。

大阪堺菌

请叫我"神奇的塑料队长"。

这种微生物最喜欢生活在垃圾站，因为它们喜欢吃某些塑料。

缓步动物

这些圆筒状的微小动物有的看起来很像长着八条腿的无脸熊。它们能在高压缺氧、沸点和冰点环境中存活。如果周围环境缺水，它们也会脱水，进入休眠状态，很多年后遇水可以复苏。

我也可以美餐一顿啦！

根瘤菌

这种细菌依附在植物的根细胞上。它能固定空气中的氮，将之转化成可作植物养料的硝酸盐和氨。

耐辐射奇球菌

这是世界上生命力最顽强的微生物。它耐酸，耐辐射，耐严寒，耐干燥。

不过，为了生存，我也会吸收周围的DNA。

蛭形轮虫

和有些缓步动物一样，蛭形轮虫也是生活在水中的微生物。它们会在缺水的情况下不完全脱水，之后遇水可复苏。

没有雄蛭形轮虫，雌蛭形轮虫会无性繁殖。

我的生命力比缓步动物顽强多了！

你的体内

你摸到和吃掉的每样东西上都有微生物，甚至你呼吸的空气中，也存在微生物。此时此刻，你身体里也有微生物。它们的数量比人体细胞还多20%。从某种程度来说，你更像一个微生物王国，而非一个人，你的肚子里有个"微生物花园"。

共生是一种对双方都有好处的生存方式。我为自己体内的微生物提供了舒适的住所和大量的食物。

快来瞧瞧，我们都是从哪些方面帮助你的吧！

肚子里有个大花园

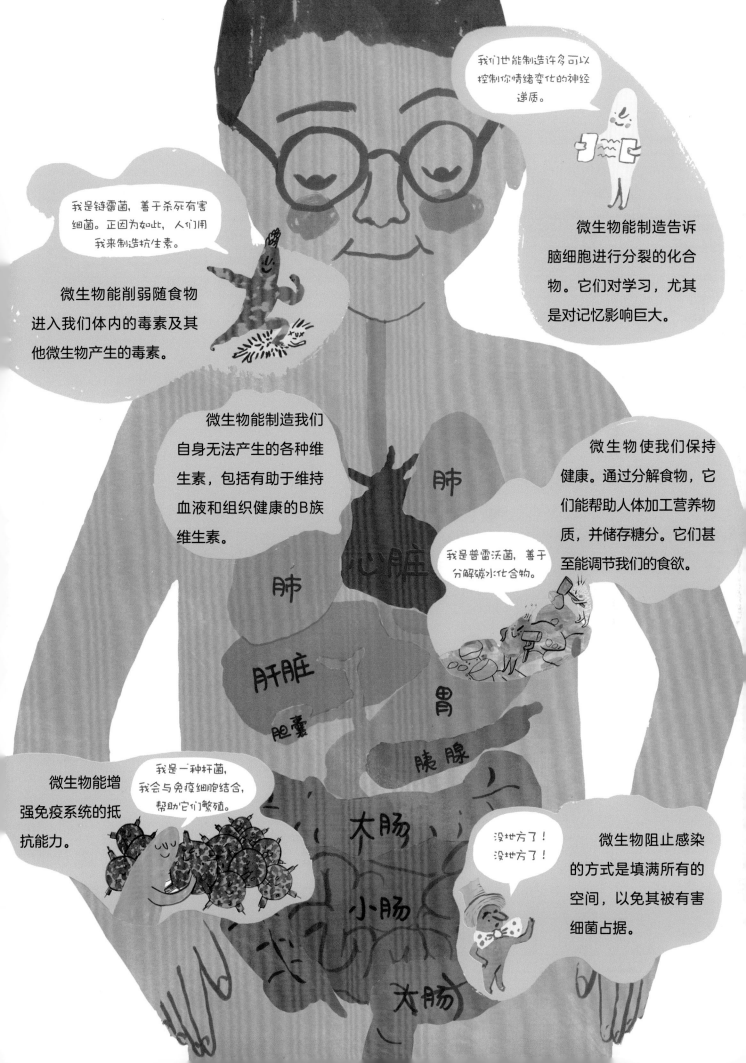

并非所有微生物都是有益的。有些微生物会引发传染性疾病，例如流感和麻疹。

这些有害微生物叫作病原体。

有时，某些通常有益的微生物会因为繁殖过快，或出现在不该出现的地方，结果可能变得有害。

正是免疫系统，保护我们免遭这些病原体的侵害。

我是痤疮丙酸杆菌，住在你的皮肤上，能让你的皮肤保持湿润和光滑。但如果我繁殖过快，就会堵塞毛囊，引发痤疮。

随着研究人员对微生物了解得越来越多，他们开始明白微生物群落失衡如何引发疾病，以及恢复平衡又如何能治愈疾病。

让我们了解更多！

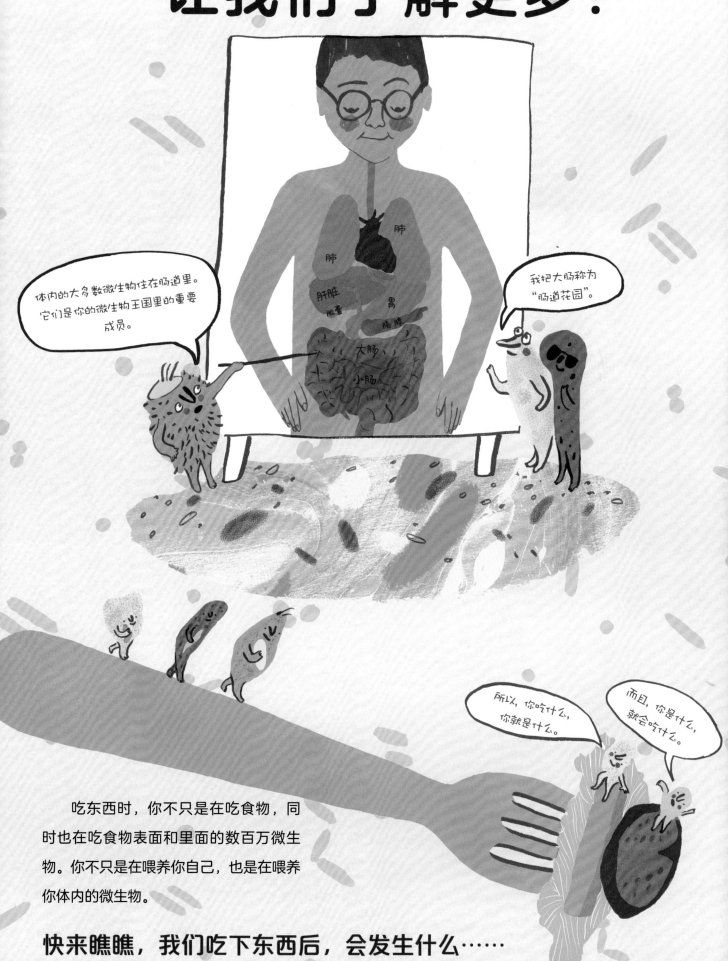

吃东西时，你不只是在吃食物，同时也在吃食物表面和里面的数百万微生物。你不只是在喂养你自己，也是在喂养你体内的微生物。

快来瞧瞧，我们吃下东西后，会发生什么……

张大嘴巴

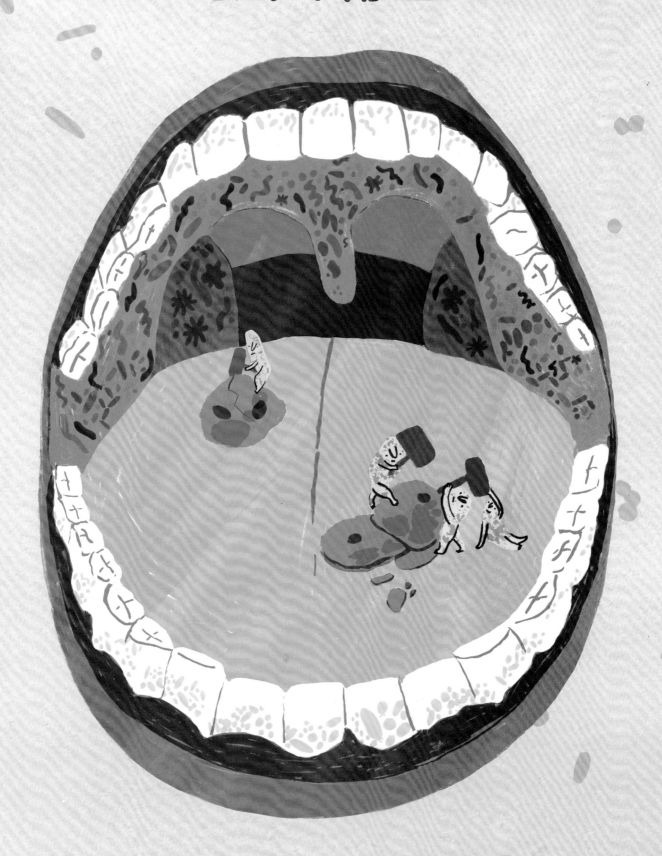

　　你还没吞咽时，微生物就在辛勤工作了。当食物被咀嚼成食团，你嘴中和唾液里的微生物，则会立刻开始分解工作。

你的口腔中有500多种微生物。不同的微生物适应不同的生活环境。所以，脸上的微生物跟牙齿或舌头上的微生物是不一样的。

如果不刷牙，牙齿表面就会形成一层黏性的牙菌斑。这层牙菌斑含有几百种微生物。我们牙齿上住着某些链球菌。它们能分解糖分，释放出酸。这种酸会腐蚀牙釉质，形成龋齿。

你的唾液有助于控制细菌。每天白天，你大约会分泌一升唾液；而夜里，你的嘴巴会变得比较干燥，导致细菌大量繁殖。

这就是为什么早上刷牙如此重要！

咽喉

吞咽时，食物会在咽喉和食道的蠕动下，被推入胃中。

食道

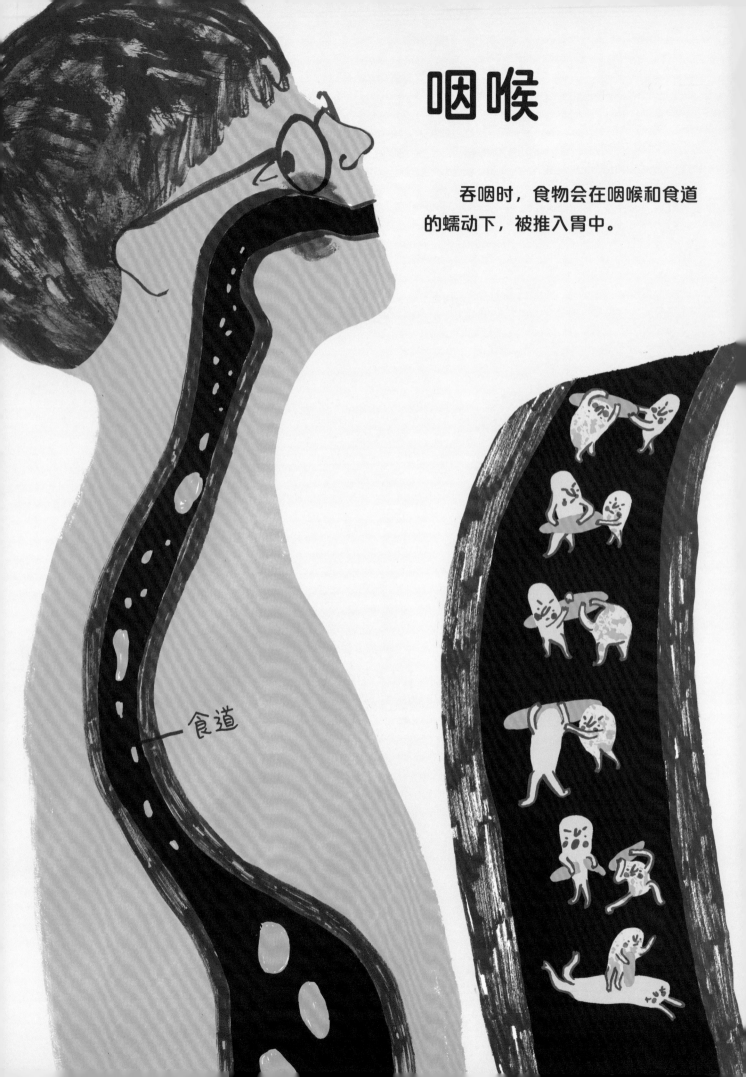

你的扁桃体是抵御
感染的要塞。它会过滤
部分细菌和病毒。

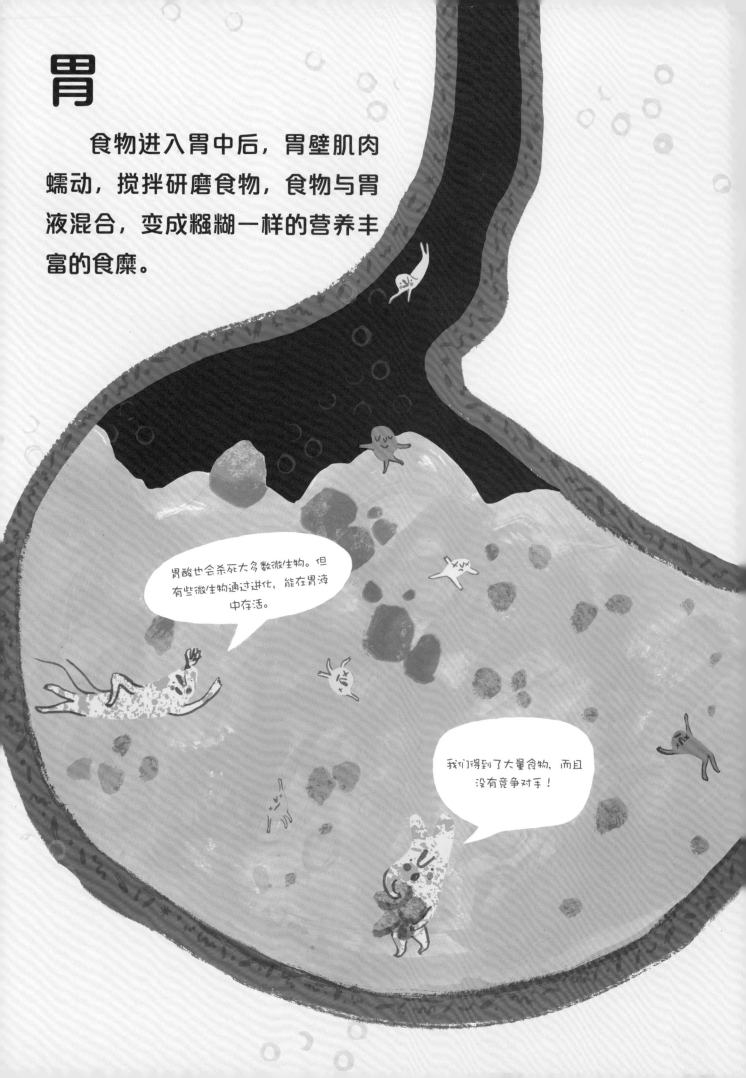

我们来玩好人和坏人的游戏吧！

有一半的人体内存在螺杆菌。有些种类的螺杆菌对人体有害，就像幽门螺杆菌。幽门螺杆菌是一种生命力顽强的细菌。通过藏在胃黏膜里，它能在胃酸环境中存活。它会损坏胃黏膜，引发胃溃疡甚至胃癌！此外，还有肝螺杆菌等。

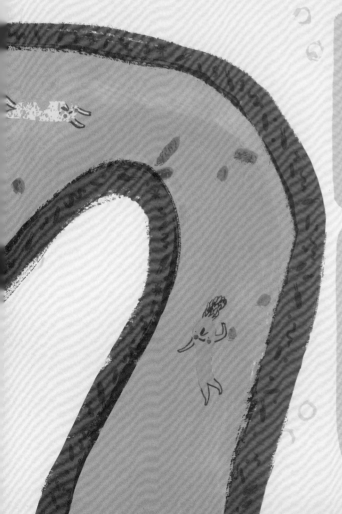

坏人，绝对是坏人！

不过，有的螺杆菌也可能是有益的。相对而言，体内有某种螺杆菌的儿童更不容易得哮喘、花粉症或湿疹，因为螺杆菌会触发并训练我们的免疫系统，让它在遇到诸如花粉中所含的陌生微生物时，不会反应过激。

嗯，这比我之前想的复杂一些！

所以……是好人？

小肠

小肠是一条弯弯曲曲的长管子。小肠会摄取食物里的维生素、无机盐、碳水化合物、脂肪和蛋白质等，送到血液中。

如果完全展开，成人小肠的长度可超过6米！

小肠离胃很近，它的顶端微生物较少。

胃将磨碎的黏稠的食糜慢慢注入小肠顶端一个叫"十二指肠"的地方。

胆囊、胰脏和肝脏分泌的消化液会分解食物中的脂肪，使脂肪变得易于吸收。

小肠末端接近大肠，在这里你会发现很多像我们这样的微生物。

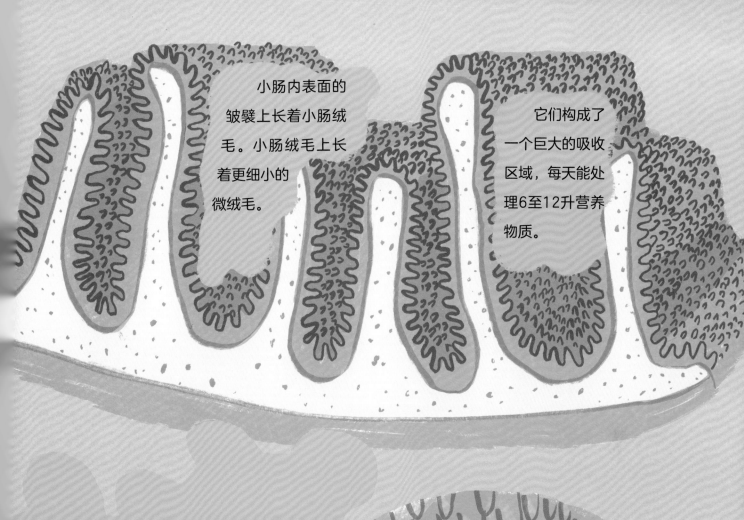

小肠内表面的皱襞上长着小肠绒毛。小肠绒毛上长着更细小的微绒毛。

它们构成了一个巨大的吸收区域，每天能处理6至12升营养物质。

被小肠微绒毛吸收后，营养物质会通过微小的毛细血管进入血液。血液再把它们分送到你身体的其他各处。等食物离开小肠时，超过90%的营养物质已经被吸收了。

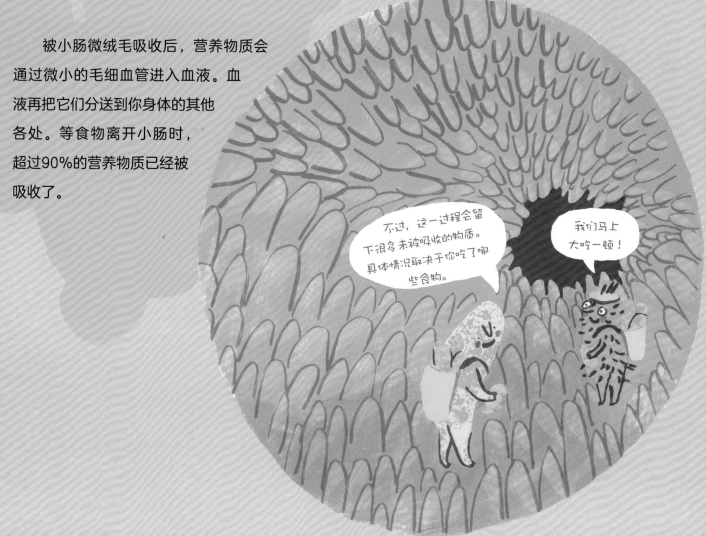

肠道花园

消化过程的最后阶段发生在大肠，也就是微生物王国的中心！一旦全部有益物质被身体摄取，就轮到微生物上场啦！

我们微生物有90%是细菌！

体内99%的微生物栖息于大肠。这不是因为别的地方微生物很少，而是因为这儿的的确很多！

欢迎来到肠道花园！

升结肠

阑尾一端与盲肠相通。几乎没人知道阑尾到底有什么用，但有些科学家认为：阑尾控制着一份结肠中的肠道菌群样本。在人生病或服用一定剂量的抗生素后，阑尾可以向肠道补充相应的菌群。

以备需要时使用的菌群样本。

盲肠

阑尾

直肠

横结肠

肠道内有700多种、约100万亿个细菌。

大肠主要由结肠构成。在这儿，食物残渣中的水分、无机盐和维生素会被吸收，剩下的便形成排泄物，也就是粪便。

宽：7厘米 长：1.5米

微生物总数：数百万亿

终于到家了，温馨的家。

降结肠

微生物辛勤地分解食物中难以消化的纤维素，并制造维生素，例如维生素K和维生素B$_{12}$。

肠道内的几乎所有细菌都住在一层由黏液形成的黏膜外。有了这层黏膜阻挡，肠道内的细菌就不会引起肠道内膜发炎或感染。

消化系统的这个部分充满细菌，病原体没有足够的生长空间。

我说过，没地方了！

乙状结肠

体内生态系统

在非常了解细菌之前，科学家认为有的细菌像植物一样，能进行光合作用。正因为如此，他们也把肠内的菌群称为肠道菌丛。

"肠道花园"这个名字正是从这儿来的。

虽然我们现在知道了细菌并非植物，但这仍然是一个有趣的比喻，因为我们人体的微生物王国是生命体构成的生态系统，就像森林或珊瑚礁一样。

这些生态环境中，各种微生物相互依存。它们之间为争夺食物和生存空间展开竞争，并互相制约，以确保某一类微生物不会破坏生态系统。微生物种类越多，你体内的生态系统就越复杂。

有时，某种微生物会繁殖过快，吃掉过多的食物，杀死生态系统中一些其他种类的微生物。其他微生物和免疫细胞必须努力工作，才能使体内生态系统恢复平衡。

微生物王国状况失衡，称为微生态失调。

你的 "花园" 怎么样?

　　每个人体内的生态系统都不一样。即使是生活在同一个家庭的成员,平时吃相同的食物,他们体内的微生物王国也不一样。这是因为,人体内部的微生物不仅受日常饮食影响,任何个人经历都可能影响微生物王国,例如去野外或与宠物玩耍,都会把新的微生物引入体内。

我们还在妈妈肚子里时，胎盘能够帮助我们阻止危险细菌靠近。出生后，会有数百万微生物移居到我们身上。两岁以前，我们体内的微生物王国会发生很大变化。

例如：母乳喂养的婴儿和配方奶喂养的婴儿体内的微生物王国看起来并不一样；而剖宫产的婴儿和自然分娩的婴儿，也会拥有不一样的微生物王国。

三岁时，我们体内的微生物群系会趋于稳定。此时，我们的肠道花园状况虽然会受疾病、饮食改变或服用抗生素等因素影响，但基本能恢复正常。

免疫系统

人体 99% 的微生物存在于肠道，而 80% 的免疫系统也在这里！巧合？并非如此。

通过与人体内的大多数细菌相处，免疫细胞学会了不过分活跃。它们不会任意攻击进入人体的陌生细菌，而是学会与有益的细菌和睦共处。

抗生素

尽管大多数细菌是无害的，但若放任不管，有些细菌还是会引起感染。

"抗生素"（antibiotic）一词源自希腊语anti bios，意为"抑制生命"。抗生素通过阻止细菌繁殖，或阻止细菌合成细胞壁等方式抑菌或杀菌。

幸亏亚历山大·弗莱明发现了抗生素。1945 年至 1972 年间，人类的平均预期寿命提高了 8 岁。

抗生素能杀死危害我们健康的有害细菌，但也会杀死有益细菌。服用抗生素期间，你会发现自己排的大便比平时多很多。这些大便，很大一部分由肠道内的死细菌组成。

这就像一场森林大火烧毁了林中所有树木。经过一系列的抗生素治疗，幸存的少量幼苗得重新填满整个生态系统。

抗生素被大量应用于养殖业，所以许多养殖动物携带耐抗生素细菌。正因为如此，最好食用有机肉类，以避免遭到超强病原体的侵害。

使用抗生素后，我们再次生病的风险会变得更高。从前的病原体卷土重来时，抗药性会变得更强。有益菌的缺失，致使新的病原体扎根。而有时因为空间扩大，平常有益的细菌会开始大量繁殖，变得有害。这种情况下，益生元和益生菌会发挥作用。

病原体如果能承受住抗生素的攻击，就会变成经验丰富的战士，不仅对抗生素的抗药性大大增强，也会变得更加致命。

我会回来的。

没地方了，没地方了！

为什么有这么多空地方？

益生元和益生菌

据研究吃某些富含益生元的食物和服用益生菌，有助于壮大我们的微生物王国。不过，什么是富含益生元的食物，什么是益生菌呢？

富含益生元的食物是指含有丰富低聚糖的食物。这些食物在小肠里不易被消化，所以能直接进入大肠，被其中的双歧杆菌等分解吸收，促进这类有益菌的生长，从而调节肠道微生态平衡，这类食物有助于增强免疫系统的抵抗力，调节新陈代谢。

对我有益的东西，对你也有益。

部分富含益生元的食物：韭葱、芦笋、洋葱、香蕉、亚麻籽、麦麸、燕麦、苹果和蒜。

如果你正在增加益生元的摄入，请一点一点地增加。否则，你可能会不停地放屁！

益生菌是有益的活细菌。它们能壮大我们的微生物王国。

益生菌酸奶

不过，目前尚不清楚有多少有益菌在经过消化系统后还能保持活性，尤其是在进入肠道后，是否真的会扎根在那里。此外，是否所有有益菌都会以同样的方式影响每个人的微生物王国，目前也没有定论。

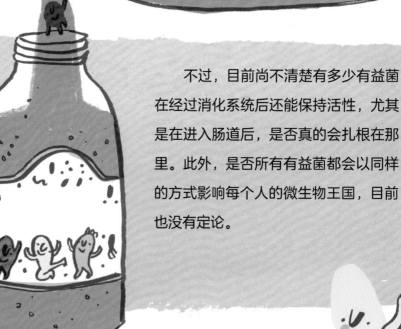

发酵

细菌在大肠内分解纤维的过程，是一种发酵。这种发酵就是在没有氧气参与的情况下，从碳水化合物中提取能量的过程。

发酵会产生气体。这种气体由氢、氮、氧、二氧化碳和甲烷等构成。猜猜看，当体内积聚起这种气体后，会发生什么……

研究发酵的科学称为发酵学。

该放屁了！噗——

短链脂肪酸

这种发酵会产生短链脂肪酸。短链脂肪酸会调节你的食欲和能量代谢。科学家们发现，老鼠体内含有的短链脂肪酸越少，发胖概率就越高。

发酵也能在人体外发生。

发酵食品是指在我们食用前，已经被微生物部分分解的食物。

这是保存食物的一种方法，人类已使用了数千年。

有些研究表明，发酵食品可能有助于维持免疫系统的健康。

泡菜

部分发酵食品：
酸黄瓜、德式发酵卷心菜、韩式泡菜、日本豆面酱、酵母面包、酸奶等。

超市出售的许多发酵食品都经过了加热处理。加热过程杀死了部分甚至所有微生物。购买时请在标签上寻找"自然发酵"的字样。

自然发酵
酸黄瓜

自制德式发酵卷心菜

原料：
一棵中等大小的卷心菜
两大汤匙海盐

1. 撕碎卷心菜，撒上盐。
2. 把卷心菜放入容器中，用捣碎器捶打，直至捣出的汁液能没过卷心菜。
3. 把卷心菜放入罐子中，卷心菜必须完全浸入含盐的汁液中，以便乳酸菌生长。
4. 给罐子盖上密封的盖子，密封起来。把罐子在室温下放置两个星期。
5. 等到味道符合你的口味，就用密封的盖子密封起来，放入冰箱。随着时间流逝，卷心菜的味道会继续变化。

唯一的出口

结肠的末端称为乙状结肠。食物到达这里时，所有营养物质和大部分水分都已被人体吸收，只剩下不能消化的废弃物。随着继续移动，这些废弃物会形成粪便。

乙状结肠的肌肉会把变硬的废弃物推入直肠。当直肠内充满废弃物，肛门内括约肌（一种平滑肌，不受意识支配）的牵张感受器会收到直肠充盈的信号，并发送至大脑：你需要排便了。

直肠

乙状结肠

上厕所时，直肠末端的肛门外括约肌（一种骨骼肌，受意识支配）会放松。然后，你的身体就会借助腹部肌肉的力量排出粪便。

肚子里有个大花园

不过，什么是粪便呢？

我是瘤胃菌科菌，常见于吃高纤维食物的人排出的软便中。

我是瘤胃球菌，常见于硬的粪便中。

粪便由不同的成分构成，而且会因不同的饮食而发生变化。

粪便中大致有75%是水。素食者的粪便中，水分的含量会稍高一些；而摄取蛋白质较多的人，粪便中水的含量则稍低一些。

粪便中大约25%的部分由未充分消化的纤维、蛋白质和脂肪构成。

粪便中30%至50%的固体成分是微生物。我们排出的粪便中充满细菌，它们有活的也有死的。

粪便排出体外后，其中的微生物仍会继续工作。正因为如此，动物粪便经常被用作肥料，微生物会跟着进入土壤，促进植物生长。

在身体内部打架

免疫系统和微生物彼此不相合时，人的身体就可能会出问题。

当阻止微生物进入肠系膜的蛋白质停止工作的时候，本应远离的细菌进入肠系膜，就会诱发克罗恩病。

当免疫系统攻击有益细菌，引起炎症时，还会导致其他肠道问题。

数量较少时，艰难梭菌是无害的，但如果它繁殖过多，就会使人出现恶心、腹泻和腹绞痛等症状。而且，艰难梭菌需要很长时间才能去除。

针对艰难梭菌及其他某些肠道疾病，科学家正在探索一种名为菌群移植的治疗方法。具体操作过程是把健康的肠道排出的粪便中的菌群移植入患者体内。研究证明，这种疗法能有效抑制艰难梭菌。因为，移植的新微生物会迅速打败艰难梭菌。

排队
排大便。

接下来是什么？

肠道微生物是一个极富吸引力的领域。

科学家们证实：我们体内的微生物能提高免疫力，防止感染，控制体重，维持大脑与激素的平衡。科学家们已经发现一些健康问题，例如：多发性硬化、糖尿病、帕金森病、精神分裂症、癌症及其他各种自身免疫病都与微生物有关。

不过，他们已经在研究怎样操控微生物，以预防或治疗上述健康问题。

科学家们面临的障碍之一是，人体肠内的细菌已通过进化，变得只能在特定环境下才能生存。与皮肤上顽强的微生物不同，肠内微生物在实验室里不易存活，一暴露在空气中，它们就会死掉。

科学家不得不在老鼠身上做实验，以弄清某种细菌的失衡会怎样影响人类的健康和行为。

未来，我们对体内微生物的了解，将成为解决各种问题的关键。想象一下，在未来，你可能只需用针对特定细菌的漱口剂漱一下口，就永远都不会有龋齿。

一场盛宴

人类往往认为，这个世界是为了我们才被创造出来的。然而，微生物在数量上远远超过我们。它们是这个星球上数量最多的生物。其实，如果从这个角度来看，我们出现在地球上，也许只是为了供养身上的微生物，为它们提供一个舒适的家。

图书在版编目（CIP）数据

肚子里有个大花园 /（英）凯蒂·布罗斯南著绘；
梅静译. -- 北京：中信出版社，2020.9
　书名原文：Gut Garden
　ISBN 978-7-5217-1851-5

Ⅰ.①肚… Ⅱ.①凯… ②梅… Ⅲ.①微生物—儿童
读物 Ⅳ.①Q939-49

中国版本图书馆CIP数据核字（2020）第 075995 号

肚子里有个大花园

著　绘　者：［英］凯蒂·布罗斯南
译　　　者：梅静
出版发行：中信出版集团股份有限公司
　　　　　（北京市朝阳区惠新东街甲 4 号富盛大厦 2 座　邮编 100029）
承　印　者：天津丰富彩艺印刷有限公司

开　　本：889mm×1194mm　1/16　　　　印　　张：3　　　字　　数：50 千字
版　　次：2020 年 9 月第 1 版　　　　　　印　　次：2020 年 9 月第 1 次印刷
京权图字：01-2020-2289
书　　号：ISBN 978-7-5217-1851-5
定　　价：39.80 元

出品　中信儿童书店
图书策划　红披风
策划编辑　舒昕
责任编辑　谢媛媛
营销编辑　谢沐　刘天怡　王沛　金慧霖
装帧设计　哈_哈　李晓红

来认识下作者：

　　凯蒂·布罗斯南荣获剑桥艺术学院童书插画专业硕士学位。2018年，凯蒂在英国"Picture This!"竞赛中胜出，并受到麦克米伦插画奖评委会高度赞扬。凯蒂向来钟情生活中较小的事物。她长期迷恋微生物及其"超能力"。著绘图书之余，凯蒂还会开儿童讲习班和陶艺课。

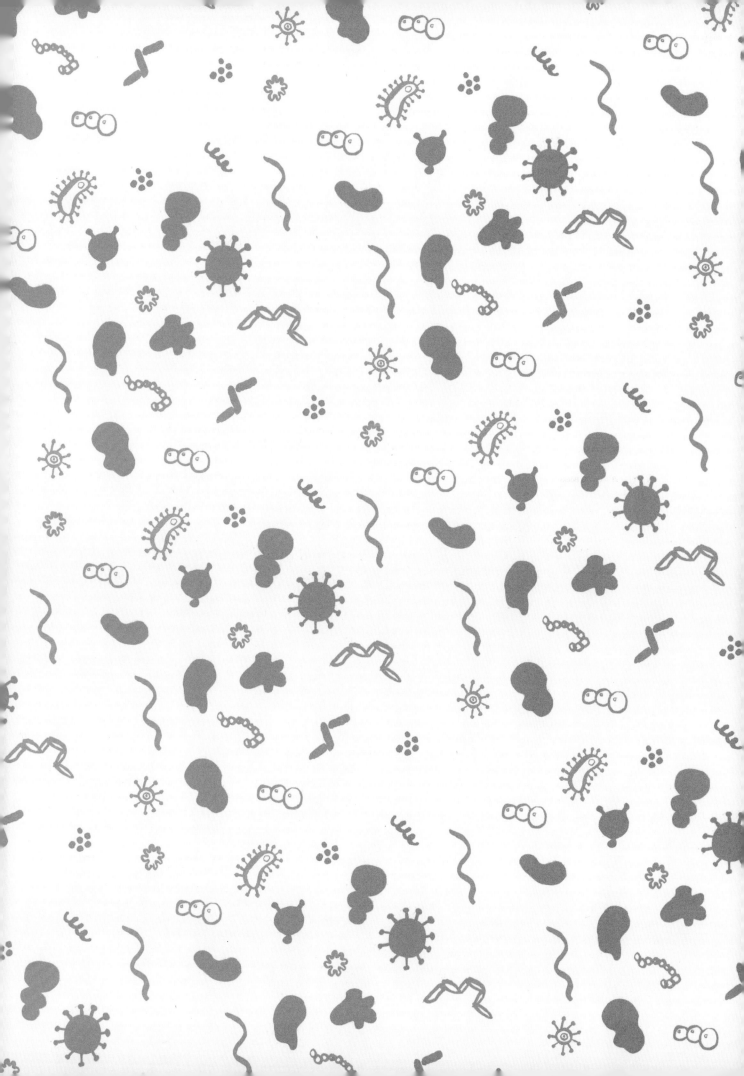

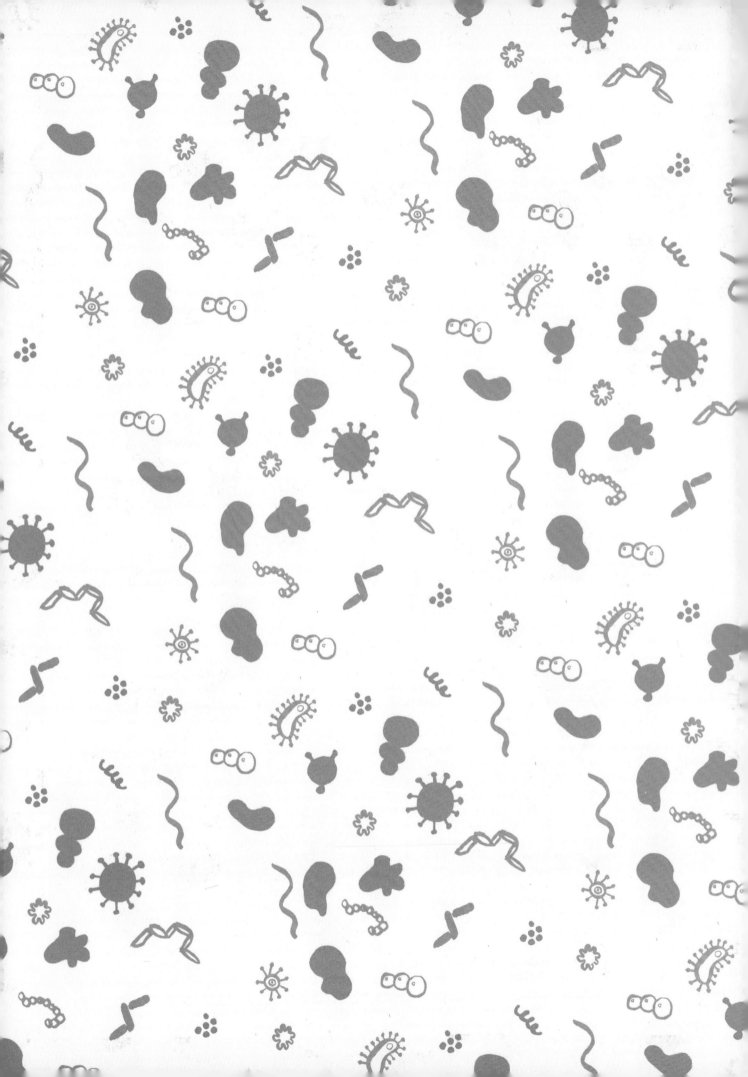